身边的科学真好玩

数字，
淘气的小字符

You Wouldn't Want to Live Without
Numbers!

第4辑

[英]安妮·鲁尼　文
[英]马克·柏金　图
肖红冰　徐俊俊　译

时代出版传媒股份有限公司
安徽科学技术出版社

[皖] 版贸登记号:12161627

图书在版编目(CIP)数据

数字,淘气的小字符 /(英)安妮·鲁尼文;(英)马克·柏金图;肖红冰,徐俊俊译.--合肥:安徽科学技术出版社,2017.4(2020.9重印)
(身边的科学真好玩)
ISBN 978-7-5337-7145-4

Ⅰ.①数…　Ⅱ.①安…②马…③肖…④徐…
Ⅲ.①数字-儿童读物　Ⅳ.①O1-49

中国版本图书馆 CIP 数据核字(2017)第 047185 号

数字,淘气的小字符　[英]安妮·鲁尼 文 [英]马克·柏金 图 肖红冰 徐俊俊 译

出 版 人:丁凌云　　　选题策划:张 雯　　　责任编辑:付 莉
责任校对:刘 凯　　　责任印制:李伦洲　　　封面设计:武 迪
出版发行:时代出版传媒股份有限公司　http://www.press-mart.com
　　　　　安徽科学技术出版社　　　　　http://www.ahstp.net
　　　　　(合肥市政务文化新区翡翠路 1118 号出版传媒广场,邮编:230071)
　　　　　电话:(0551)63533330
印　　制:合肥华云印务有限责任公司　　电话:(0551)63418899
(如发现印装质量问题,影响阅读,请与印刷厂商联系调换)

开本:787×1092　1/16　　　印张:2.5　　　字数:40 千
版次:2020 年 9 月第 3 次印刷

ISBN 978-7-5337-7145-4　　　　　　　　　定价:15.00 元

数字大事年表

40000年前

最早的标签计数系统出现。

公元前500～600年

首次使用罗马数字。

1202年

里昂纳多·斐波那契将阿拉伯数字带到了欧洲。

公元前2000～3000

首次使用测量单位。

628 年

古印度人首次使用"0"。

800年

阿拉伯计数单位的现代形式 0～9 出现。

1920年

天文数字（1 后面跟着 100 个零）被命名。

1701年

二进制数首次出现。

21世纪初

研究表明，某些鸟和动物可以数数。

19世纪20年代

查尔斯·巴贝奇设计了一台电脑来做计算。

1687年

艾萨克·牛顿表明，行星的运动受数字控制。

1974年

商店首次使用条形码来标识物品，方便经营者和顾客。

全世界的数字系统

我们使用 0~9 的数字系统，2000 多年前发源于印度和中东地区。但是，也有很多其他的数字系统。

在古巴比伦，人们使用六十进制的数字系统——这就是 1 小时有 60 分钟的原因；在古罗马，数字系统是十进制的，但是用字母书写：I (1)，V (5)，X (10)，L (50)，C (100)，D (500) 和 M (1000)。

新几内亚的奥克萨普明人基于人体的 27 个部位建立了他们的计数系统；巴布亚新几内亚使用阿拉佩什山语的人创建了一个三进制的数字系统，用来数椰子、鱼和日子，但是数坚果、香蕉和盾却用基于 4 的数字系统；中美洲地区的古玛雅人使用二十进制的数字系统来计数。

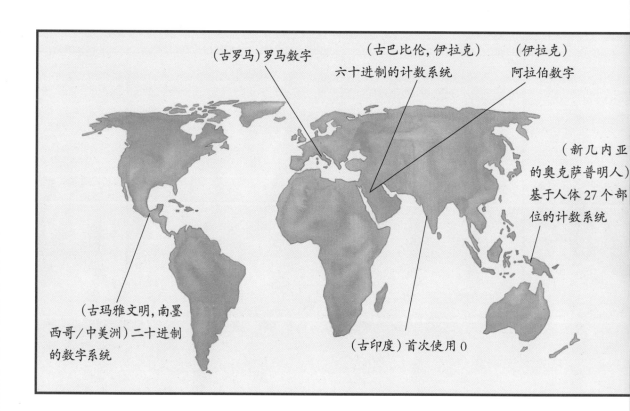

（古罗马）罗马数字

（古巴比伦，伊拉克）六十进制的计数系统

（伊拉克）阿拉伯数字

（新几内亚的奥克萨普明人）基于人体 27 个部位的计数系统

（古玛雅文明，南墨西哥/中美洲）二十进制的数字系统

（古印度）首次使用 0

作者简介

文字作者：

安妮·鲁尼，曾在英国剑桥大学学习英语，获得哲学博士学位。她在几所英国大学任过教职，目前是剑桥大学纽纳姆学院的皇家艺术基金会成员。安妮已经出版 150 多本儿童及成人图书，其中几本的内容是关于科学及医学史的。她也创作儿童小说。

插图画家：

马克·柏金，1961 年出生于英国的黑斯廷斯市，曾在伊斯特本艺术学院读书。柏金自 1983 年后便开始专门从事历史重构以及航空航海方面的研究。

目　录

导 读

你有多喜欢数字呢? 你喜欢玩数字游戏吗? 也许当你不得不做数学家庭作业时, 你就不那么喜欢数字了, 但是离开它们真的很难。没有数字, 你就不仅仅是做错智力测试题, 或者玩游戏失败了。

想象一下, 如果你不能计数、测量任何东西, 不能精确计算时间、距离或者价格, 生活将会遇到许多麻烦: 你不知道自已年龄多大, 或者不知道还要多久才能放假; 我们不能准确地建造任何东西; 没有电脑, 没有准确的食谱; 游戏或者比赛中没有分数……所以, 你绝对不想离开数字!

饼干的做法

成分:
面粉少许、糖少许、
鸡蛋少许、黄油少许

说明:
将其混合并放入烤箱, 直到烘焙完成。

什么是数字?

数字为我们提供一种表示数量的方式——多少、多长等,例如数字2、35、600000。我们用0~9中的单个数字组合起来,书写所有的数字。数字有很多不同的用途:我们用它计数、计算和测量东西,或者用作符号;数字也用在代码中。

数学是真实的吗?

数字和数学是天生就有的还是人类发明的,这是哲学家们长期争论的话题。这很重要吗?你觉得呢?

一个人漂流到荒芜的岛上,也许他会用数字计算自己被困在岛上多久了!

数字有利于数东西,但是它们不能给你提供其他信息,例如尺寸或者质量。一个大东西和一个小东西一样吗?如果你只是计算个数,就是一样的!

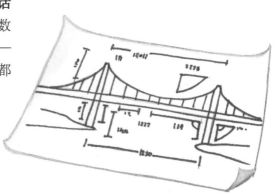

限速 **45**

你也能行！

试着观察一天中你遇到的所有数字：从闹钟上的时间数字到麦片包装盒数，再到公交车时刻表。

测量。一些东西不能被计数，例如时间、距离和速度，所以我们要测量它们。

我们利用**电话号码**和车牌号的数字来识别它们——每部电话和汽车都有不同的编号。

代码和标签。在商店里，任何东西上的条形码都代表一个数字。这个数字是一个特别的代码，代表商店里这个物品是什么。

我们在很多工作领域都**用数字计算**，例如科学研究和艺术创作。这些精确的计算也能保护我们的安全，比如在建筑工程等方面。

买一赠一！

交易。买卖东西、完成交易，这些都离不开数字。价格、利率、折扣是我们买卖东西时常遇到的概念，它们都依赖数字。

数字可以相加吗？

在 使用被命名的数字之前，人们使用标签计数。用标签计数是将物品进行一对一配对，一种物品代表另一种物品。想象一下，你是一个牧羊人：你可能用鹅卵石来给羊计数。每数一只羊，你就扔一块鹅卵石到壶里，那么羊是不是都在，就显而易见了。如果还剩下几个鹅卵石，则表明丢了几只羊。用标签计数是记录物品数量的好方法。

如果**标签**数量和物品数量不同，你就不能计数，也不知道有多少羊丢失了，或者还要找回多少只羊。

不用数，你就经常可以看出这一群东西是不是比另一群多。甚至一些动物也可以做到这一点。狮子只会攻击小的狮群，如果遇到大的狮群，它们会躲开。

手指计数有点像标签计数，你不需要其他东西，每根手指等同于一个物品。你可以伸出五根手指代表你有五只鸡。

另一只羊，另一个鹅卵石……

原来如此！

如果你用标签计数，首先要画4条直线，很容易就可以代表"4"，接着穿过四根线画一杠代表"5"，然后再画更多的直线表示更大的数字。

给数字命名。这意味着你可以不用石头、棍子、手指或其他东西来计数了。

从头到脚。如果借用手指头和脚趾头，你可以数到20。但是新几内亚的奥克萨普明人做得更好，他们的身体计数系统将身体的27个部位都标了号。

一些鸟，还有鬣狗、黑猩猩、鱼以及青蛙其实也有数数的本领。例如，鸟可以知道它们的幼鸟丢失了。

数字从哪里来?

今天，我们使用"位置价值"系统来书写数字。这意味着，每个计数单位的位置可以告诉我们这个数字"值"多少：右边的计数代码表示个位数，下一个向左的计数代码表示十位数，再向左一位表示百位数，等等。所以当我们写下"653"时，它表示（6X100）+（5X10）+（3X1）。这是书写大数字的一个简单方法。某些老的数字系统更难操作。

位置价值系统意味着，我们可以增加更多的计数单位来写出很大的数字。

今天我们使用的**数字 0~9** 起源于古印度，之后被中东地区以及北非地区的阿拉伯数学家使用。

罗马人用字母表示数字：I（1），V（5），X（10），L（50），C（100）和 M（1000）。他们需要重复使用 I，X，C 和 M，所以 Ⅱ=2，Ⅲ=3，Ⅶ=7（5+2），XXXI=31 等。为了缩短数字，他们使用了其他技巧：Ⅳ=（5-1）=4，Ⅸ=（10-1）=9。这可能相当复杂。

试着用罗马数字书写你的生日，例如日—月—年。

很长的乘法运算。想象一下，你要用罗马数字做加法，这可不容易。

为什么这么难？

欧洲人一直使用罗马数字。直到1200年，数学家里昂纳多·斐波那契将阿拉伯数字引入意大利。尽管这使得数学变简单了，但直到15世纪，阿拉伯数字才真正流行起来。

不！是1，不是10！

早期的数字系统不会在数字后面使用"0"。这使我们很难区别4和40，或者6和600。这多令人费解！

数字没有尽头，是无穷的。我们可以继续书写更大的数字，甚至可以写一个大到宇宙中不代表任何东西的数字。

10 是多少？

我们用十进制的数字系统计数。也就是说，我们先从 0 数到 9，然后表示十位数时，我们用一列新的数字（它们的十位数为 1），重新使用同样的计数单位来数更大的数字（10，11，12……），数到 19，我们再增加十位数上的数字（十位数变成 2），并且个位数从 0 开始（20）。可能我们使用十进制的数字系统是因为我们有十根手指。但这也不是唯一的计数方式，任何数字都可以作为基准。

假设外星人使用七进制的数字系统，那么**人类宇航员**与他们在书写数字上可就难以达成一致了。宇航员会说这儿有 16 个鸡蛋，而外星人则会写成 22（2×7+2）。不管怎样，鸡蛋还是那么多，尽管写法不一样。

古巴比伦人使用六十进制的数字系统。今天你依然可以看到这些标志：我们将一个圆圈划分为 360 度（6×60），一小时划分为 60 分钟。

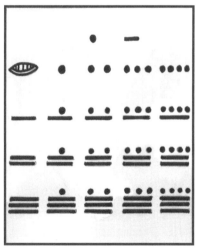

玛雅人使用二十进制的数字系统，用符号表示 1 和 5。

计算机经常使用十六进制的数字系统，因为这意味着它们可以用更小的空间存储更大的数字。10~15 则用字母 A~F 表示。

一位长着 7 个触须的外星人可能采用七进制（如下图）。他们可能从 0 到 6，然后重新再来，数到 7 以上的数字时，十位数用 1，个位数用 0，所以"10"表示 7，"11"就是 7+1=8，"12"是 7+2=9 等。到了 13 以后的数字，外星人又会把十位数上的数字增加为 2，以"20"表示 13。

原来如此！

并不是所有的测量都是以十进制计数的。有很多老的测量单位就不是。例如，一英尺等于 12 英寸，一磅等于 16 盎司。

10

1, 2, 3, 4, 5, 6, 10 !

7

如果你无法计数怎么办？

想象一下你打算买大米。你不会问店员要4000粒稻谷，然后等着他们帮你数，不是吗？用其他方式测量大米更容易，比如称重或者测量体积。或者你想为野炊买一些果汁时，又怎么办呢？你也不可能数果汁。当物品不能计数时，我们可以测量它们。我们可以测量任何连续性的东西，例如距离、液体；或者一些小东西，例如大米、沙子或面粉。许多食品店也用称重的方式来测量商品，比如坚果和糖果。

同样的测量单位。我们必须认同所使用的测量单位，这很重要。一个大桶和一个小桶的装载量肯定不同。如果我们用不同的测量单位，我们也会争论不休。

原来如此!

测量单位有很多, 一些甚至很古怪。辣椒的辣度可以用史高维尔辣度单位(以美国药剂师威尔伯·史高维尔的名字命名, 是他创立了这种测量方式)表示。

这有 34 米。

不! 是 29 米。

谁的脚? 测量单位要保持一致, 这样我们才可以做对比。如果用一只脚来测量距离, 那我们要选择用谁的脚——否则我们在测量的距离上难以达成一致。

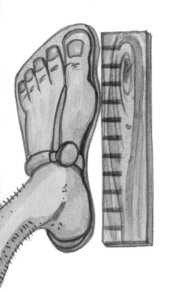

一些测量单位有大小两个版本。我们测量小虫有多少毫米长, 但是测量地球到太阳的距离就要用数亿千米为单位了。

行程时间。我们如何测量变化中的东西? 那就用耗费的时长测量走过的距离, 而不用测量具体里程。

两天时间。

距离罗马多远?

一码通吃。一个人在同一时间不可能存在于两个地方。所以用某人的脚测量东西, 我们就要以他的脚为标准。用这只脚的复制品代替真实的脚, 它就可以被人使用了。

让数字工作

有了数字，我们可以进行各种计算。当制作东西时，我们需要测量和计算距离、角度、面积和体积，以确保东西正好合适，且牢固、稳定、安全。工程师测量动力和压力，需要很多数字，以确保如火箭、飞机和汽车的复杂系统运行准确。一个微小的计算错误会导致系统不能工作，甚至引发灾难。所以，数字真的很重要！

发射！ 将火箭发射到太空，了最后的倒计时，中间还有很工作需要用到数字。数字对确火箭准确运行很重要。

我们的负载量为 28800 千克。

最大推力为 4500 千牛顿。（注：千牛顿是力的单位）

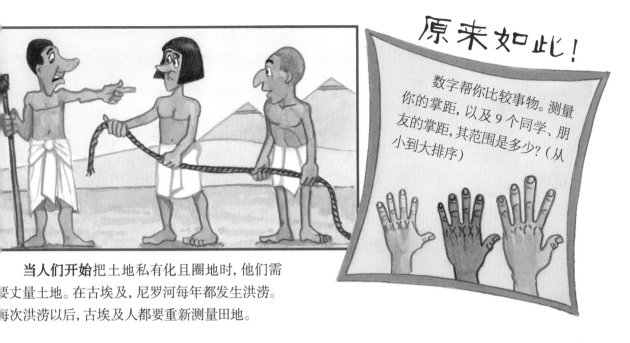

原来如此!

数字帮你比较事物。测量你的掌距,以及 9 个同学、朋友的掌距,其范围是多少?(从小到大排序)

当人们**开始**把土地私有化且圈地时,他们需要丈量土地。在古埃及,尼罗河每年都发生洪涝。每次洪涝以后,古埃及人都要重新测量田地。

密西西比河上的 **I–35 桥**在 2007 年**倒塌**了,是工程师计算错误导致桥不够牢固的。

预测未来。我们对事物在一段时间内的变化情况进行测量计算,以做出预测。了解到将会有很多大风暴,我们就会测量并关注气候变化的数据,为未来做规划。

数字赋予我们改变事物的**力量**。通过计数以及比较一段时间内的数字变化,我们可以得出哪些动物处在危险当中,并采取措施拯救它们。

我们如果测量一些事物的大量样本,就可以得出哪些现象属于常规,以及做出**对未来的预测**。我们可以得出样本的平均值,并且发现哪些情况是不正常的。

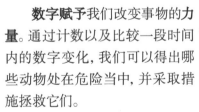

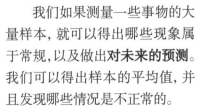

拯救
老虎

高度

重量

零以下的数

当你有实实在在的东西可以计数或者测量时，你就能计数和测量，但是如果没有这些东西呢？这时，负数就可以帮到你。这听起来很怪异，想想你借东西的情况。想象一下你从一位朋友那里借了一个橘子，并且吃了它。你答应第二天还给他一个橘子。可你没有橘子，还要送给别人一个橘子。言下之意，你就只有 –1 个橘子了。

> 冷啊! 今天零下30℃!

零以下。当数字被用来指代一定的刻度时，它们经常延伸到 0 以下。温度计在测量很冷的温度时显示负数。

如果人们借钱买东西, 他们虽拥有了物品, 但是身上的钱很快就是负数了, 因为他们要偿还借的钱。

重要提示！

你那里冬天有多冷? 温度是负数吗? 画一张表, 标明在不同的温度段你要穿的衣服。

如果你知道你本应该有 8 只羊, 但是现在只能找到 5 只, 你就在 0 以下的数轴上增加更多的羊, 直到 8 只羊都满了。你会发现还有 3 只羊需要找回来。

在一些国家, 建筑中的地面层表示为 0 层, 因为你既不用上楼也不用下楼。地面层以下的楼层算作负层, 因为它们在 0 以下。

游戏结束。在一些游戏中, 你会因为犯错而丢分。如果不太擅长这个游戏, 你还可能得负分, 因为你的失分可能超过得分。

0 是数字吗? 如果你什么都没有, 有的只是 0, 那它还是一个数字吗? 有很多东西都是你没有的, 比如宠物大象、宇宙飞船、玩具小丑……

数字、代码和标号

数字的用途可远不止计数、测量和运算，尽管这些用途也很重要。它们也可以用作代码和标号。这时，它们就和数学没有任何关系了。数字用作代码再合适不过，因为它可以不停地增加。数字代码和标号，我们周围随处可见，从电视频道数字到房门号或者公寓号。

电脑代码。电脑将一切转化为由数字组成的代码。所以，无论你是用电脑写故事、看视频，还是编辑照片，它们都被转换成电脑里的数字。

重要提示！

一个数字在某种场合是不是仅仅起到代码的作用，是由你是否对其进行数学运算决定的。你不会没事将房号加起来，对不对？这时候它们只是个代码而已。

15 + 17 = ?

电话号码不完全是任意数。它们包括电话注册地的地代码，或者电话所用的网络代码。

在商品目录里，每一样东西都是用代码识别的，也会有可供扫描的条形码。数据库储存着关于这个物品的所有信息。

电视频道也是用数字识别的，它仅仅是一个代码。但是对于一个电视频道为什么对应这个数字而不是另一个数字，也没有确切原因。

识别。许多东西都是通过数字识别的，从书籍到汽车。每一样东西都对应一个特殊的数字，也就是它的唯一代码。甚至每一本书都有它唯一的代码，以便图书销售商以及图书馆能识别它。

彩色代码。有时候，数字看起来像代码，但实际上是一种计算方式。RGB（红、绿、蓝三色表示法）彩色对照表告诉电脑，需要混合多少红色、绿色以及蓝色才能在屏幕上呈现某种颜色。

你有时间吗？

你几点起床？学校几点放学？你上课的时间有多长？下一班公交车几点到？你几岁？我们经常测量、谈论时间，也用数字来表示它们。数字不仅可以表示一天中的小时数，也可以表示一个月中的日期、一年中的日期。如果没有数字，我们很难记录时间，或者规划事情。没有数字，我们更难说清这一天我们做了什么、过去做了什么或者将来想做什么。

我的生日!

时间的准确安排。赶校车、按照规定时间完成考试……时钟帮助我们记录什么时候该做某些事，什么时候该停止做某些事。

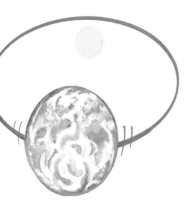

一年是指地球绕太阳公转一周的时间,一天是地球自转一周的时间。所以,一年有 365 天,这可不是人类的发明!

周末或学校放假时,你可以试着一整天不定闹钟、不看手表。饿了就吃,困了就睡。你会不会觉得很不习惯呢?

这也不是绝对的。一年实际上有 365.25 天。如果新的一年从半天开始算起,实在是不方便。所以,我们用闰年来补上时间差。

新年快乐!

DEC
JAN 1
6:00AM

数字和时间。我们用数字表示时间,我们也可以用它们做运算。我们可以计算出时长(做一件事使用的时间)以及延长、中断的时间(通过增减时间)。

学校时刻表

	开始	结束
数学 课时长:45分钟	9:00	9:45
历史 课时长:45分钟	10:00	10:45
科学 课时长:1小时	11:00	12:00

车站	学校	停车场
9:00	9:20	9:45
10:30	10:50	11:15
12:00	12:20	12:45
13:30	13:50	14:15

时刻表利用数字来显示某件事开始和结束的时间,或者火车以及公交车到达不同地点的时间。没有时刻表,你不能规划旅程。

你多少岁?我们以年为单位计算岁数,并且用数字记录日期。没有数字,你怎么能知道自己多大年龄?

精确的数字带给我们安全

数字让我们做事更加精确。它们可以帮助我们计算出机会、可能性以及比例，大大减少生活中的风险和不可预测的事。我们用数字来设置限制、规定，来保证自己和他人的安全。

只有准确地运用数字，才能保证我们方方面面的安全：恰到好处，不多也不少。我们评估风险、预测结果，以便做出正确的决定。

医生为大人和小孩**计算出**不同的药剂量：太小了，你的病好不了；太大了，对你又有害。借助数字，医生可以保证药物用量准确。

> 在这里会感到很暖和。

准确的数字运用在很多方面都很有用。天气预报如果不用数字告诉我们温度，还能有什么更好的办法吗？

数字和安全。数字让我们设置限制、规定来确保安全。如果开车没有速度限制，或者电器没有安全限制，会怎么样呢？我们可能在傻傻地进行危险操作。

可能性有多大? 可能性是指一件事发生的概率。如果你需要从一个装有 1 块黑色大理石以及 4 块白色大理石的包里挑出一块,那么你拿到黑色大理石的概率将是五分之一,即 1/5。

重要提示!

可能性只是一种参考:它不可能明确地告诉我们将会发生什么。如果有 90% 的概率下雨,还是有可能不会下雨的。

这值得吗? 可能性帮助我们比较风险和收益。假如在一场比赛中,你有 10% 赢的概率,奖品如果是一辆自行车,绝对比一根巧克力棒让这场比赛更有看头。因为你一定会拼尽全力!

你可以根据比例,计算出数字。如果你知道班里 30 名同学中有一半都喜欢三明治,那么你需要 $1/2 \times 30 = 15$ 个三明治。没有数字,你会给得过多或者过少——还要打一场架!

比例指整个群体的一部分——这是一个分数。如果一个动物庇护所有 90 只狗,其中 30 只是棕色的,那么棕色狗的比例就是 $30 \div 90$,等于 1/3。

数字并不需要我们

大自然中的数字。数字在大自然中到处制作图案。其中，你很容易就可以发现的是"黄金螺旋"，它分布在贝壳、植物和水果的表面。鹦鹉螺表面有明显的螺旋图案。如果你仔细观察菠萝表面或者向日葵种子的纹路，你会发现它们呈现同样扩大版的螺旋图案。

斐波那契数列是一串特殊的数字，存在于许多自然图案中，包括黄金螺旋。它是由斐波那契发现的。花瓣数也经常呈现斐波那契数字规律。

不论我们用不用数字，整个宇宙还是遵循数学规律的。大自然充满各种图案、成比例和对称的结构、形状，而这些我们都是用数字和数学来描述的。

即使我们停止使用数字，或者人类不再存在，自然规律还会一直存在，而且永远存在。

斐波那契数列

$$1,2,3,5,8,13,21,34$$

$0+1=1$ $5+3=8$

$1+1=2$ $8+5=13$

$2+1=3$ $13+8=21$

$3+2=5$ $21+13=34$

斐波那契数列是一串数字：1, 2, 3, 5, 8, 13, 21, 34……。后面的数字是由前面的两个数字相加得来的。

蜜蜂将蜂蜜储存在六边形蜂巢里。六边形也非常坚固,在重压下也不会变形。

你也能行!

自己动手,用纸制作对称的雪花吧。将一张圆形纸对折,然后再对折三次,在边角部分各剪出一个图案。最后打开,看看你做的雪花吧。

行星的运动是由太阳和其他行星间的引力控制的。艾萨克·牛顿于1687年发现行星运动规律,当然,在此之前的很长一段时间内,行星也一直正常运行着。

大自然喜欢对称。许多动物都像我们一样是两面对称的。如果你能沿着脊椎将自己对折,你的左右两半部分一定是对称的。

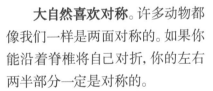

宇宙万物的速度。宇宙万物有速度限制,没有什么比光速(299792458 m/s)更快。速度相当快的飞船也要花费4.2年,才能到达离它最近的行星。

雪花对称的方式很特别。它们是由特定部分环绕对称中心重复旋转六次而形成的图案。

你想让数字离开你的生活吗？

我们的生活中到处是数字，甚至在一些我们看不到的地方、注意不到的地方也有数字。我们已经习以为常，所以很少认识到数字的重要性。

数字和计算对我们制作物品和操作事情很重要。没有数学中用到的数字，我们就不能建造安全的建筑物或者机器；我们就不能规划时间、使用金钱、拥有电脑或者理解科学。你的生活绝对离不开数字！

想象一下，如果没有数字，我们将得不到哪些东西？设计、制作、检测东西以及运作很多我们已经习以为常的事情时，数字都很重要。

让我们做交易！ 如果没有数字帮我们标明价格，我们当然也可以物物交换，即用我们已有的东西交换我们想要的东西。但这个方法不是非常有效，如果没有人想要你所提供的东西怎么办？

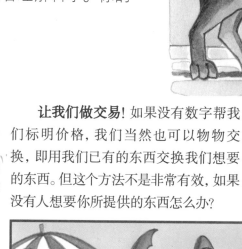

如果我们不能测量时间，安排任何事情都很困难。但是人们在时钟发明之前就已经成功安排约会了。

原来如此！

尝试一下不用数字过一天，或者几个小时。哪些事你做不了？它们有多难？

3！

※〜▢m.m.✎

数字帮助我们**保证安全**。没有数字，我们不能精确地做任何事情，例如汽车、公交车可能不能正常工作，建筑物可能倒塌。

如果我们遇到**外星人**，他们也许有完全不同的数字系统以及计数方式，也可能用不同的方式表达相同的规律。但是无论如何描述，宇宙中的规律还是相同的，因为我们同属于一个宇宙。

术语表

Architect **建筑师** 设计诸如房屋和桥梁的人。

Babylonian **古巴比伦人** 住在巴比伦古城（大致在今天的伊拉克）的人。巴比伦文明在 3500 年前被摧毁。

Database **数据库** 储存在电脑里的数据组（源信息），按不同顺序分类，方便搜索。

Digit **数字** 单个数字，0~9。

Discount **打折扣** 降低商品的价格（出售）。

Engineer **工程师** 能够完成某一专业技术的设计、施工工作的人。

Interest rate **利率** 利息和本金的比率。借款人偿还本金，再加上一定数量的钱，可能是他每年总欠款额的 5% 或者 10%，多还的这部分叫"利息"，是由借款的行为产生的费用。

Interval **间隔** 两件事之间跨越的时间。

Leap year **闰年** 这一年 2 月有 29 天。在大部分非闰年中，2 月有 28 天。

Mayan **玛雅人** 与中美洲地区的玛雅文明相关。玛雅数字系统在 3000 年前被首次使用。玛雅文明 500 年前被摧毁。

Negative number **负数** 小于零的数。通过在数字前加"–"表示。

Number line **数轴** 它是一条规定了原点、正方向和单位长度的直线。数轴通常以 0 为原点。数字从原点向右为正数，从原点向左为负数。数轴可以用来帮助我们计算。

Numeral **数码** 它由一列单个数字组成，例如 43891 和 5139。

Place-value system **位置价值系统** 一种书写数字的系统，它根据构成数字所在的位置，赋予其价值。在位置价值系统中，末位的数字（最右边）代表个位数，向左数下一位为十位数，接着下一位为百位数……

Prediction **预测** 一种关于某些人渴望发

生某事的言论，这些言论经常基于计算或
者其他形式的证据。

Probability　**可能性**　某事发生或不发生的
概率，通过十进制小数表示，大小在 0~1
之间，或者用百分比表示。

Proportion　**比例**　一个群体的一部分，表
示为一个分数或者一个百分比。

Symmetry　**对称**　指图形或物体在大小、
形状和排列上具有一一对应关系，如人体、
船、飞机的左右两边都是对称的。

Tally　**标签计数**　这是一种用物体计数、
制作记号代表某种物体或某件事的计数方
法，例如被困者通过在荒岛洞穴的墙上做
记号，记录他被困在岛上的每一天。

关于数字的奇妙事实

无限大

数字没有尽头。它们会一直延续下去。"无限大"是我们用来形容数字大到数不过来的词。但是不仅仅只有一个无限大，你也可以从零往下不停地数，这是"负无限大"。每两个整数之间，都有无限个分数。这足够令你头晕眼花。

相当大的数字

十亿、兆是相当大的数字，还有一些更大的数字，例如 googol 与 googolplex。"googol"是 1 后面跟着 100 个零（写作 10^{100}），而"googolplex"是 1 后面跟着 googol 个零（写作 10^{googol}）。"googol"是由 9 岁的米尔顿·塞勒塔于 1920 年发明的。他是数学家爱德华·凯斯纳的侄子。

萨冈数字

在可观测的宇宙中，星星的数量就是著名的"萨冈数字"，这是以宇航员卡尔·萨冈的名字命名的。问题是我们不知道到底有多少星星。这个数字首次被命名时，它被认为是 10^{22}。2010 年，这个数字已经上升到 300000^7——变大了太多！

奇妙的算数

一些数字运算很有趣：

$111111111 \times 111111111 = 12345678987654321$

和

$12+3-4+5+67+8+9=100$。

最佳计数工具

如果只用手指计数和计算,你数不了很多,甚至加上脚趾头也帮不上多少忙。所以人们使用了很多计算工具。

算盘 算盘是一种计算工具,一木框中嵌有细杆,杆上串有算盘珠,在不同列移动珠子,可以进行算术运算。大约 4000 年前,我们就开始使用各种不同设计的算盘了。

计数板 可以用卵石、沙子里的水滴或者木板制作一些像算盘一样的简单的东西,它们叫作"计数板"。我们不知道最早是什么时候开始使用它们的。

结绳 结绳是用打结的绳子制作的计数工具。粗绳子被细绳子缠绕着,然后有颜色的绳子绕着悬挂的绳子,在其周围打结。所以它看着像缠绕的稀疏的穗子。这种方法被南美洲的印加人使用,但是我们不能准确地知道如何使用它,因为印加人没有用文字记载。

计算器 法国数学家布莱斯·帕斯卡于 1642 年制作了首个机械计算器,但是直到 1851 年它才首次被投入生产并出售。20世纪 60 年代,首个电子计算器被使用。现在很难想象,如果没有这个小电子玩意帮助我们做计算,生活会是怎么样。无论是电脑、计算器或智能手机,它们都能起到相同的作用。

你知道吗？

标准化测量很难实现，除非你已经有标准了。很久以前，人们使用掏空的葫芦来测量体积。为了比较不同葫芦的大小，他们将葫芦装上种子，然后数它们能装多少种子。

如果你想数到 100 万，每秒数出一个数字，每天数 12 小时，需要 23 天以上。但是如果你想数到 10 亿，这需要 63 天以上！

用来表示小数的小数点是新事物。以前，数字的小数部分是通过画一道杠表示的。在法国，一个逗号被用来表示小数点（例如 34,5）。

在美国和英国，同样名称的测量单位实际上表示不同的数量。在美国，1 品脱（pint）等于 473 毫升，但是在英国等于 568 毫升。还有更复杂的，在美国，你测量像水一样的液体，或是像沙子一样的颗粒，也有不同的单位。1 "干品脱"（dry pint）约等于 551 毫升。

当说到大数字时，我们使用很多模糊的词表示，比如"很多""许多""极大量"。有时，我们甚至难以准确地使用精确的数字："几打"不总是表示几个"12"，尽管"1 打"是"12"的另一种说法（英文单词"dozen"表示"12 个""1 打"）。

致　谢

　　"身边的科学真好玩"系列丛书在制作阶段，众多小朋友和家长集思广益，奉献了受广大读者欢迎的书名。在此，特别感谢妞宝、高启智、刘炅、小惜、王佳腾、萌萌、瀚瀚、阳阳、陈好、王梓博、刘睿宸、李若瑶、丁秋霖、文文、佐佐、任千羽、任则宇、壮壮、毛毛、豆豆、王基烨、张亦尧、王逍童、李易恒等小朋友。